3-4歲 下

幼稚園腦力
邏輯思維訓練

何秋光 著

新雅文化事業有限公司
www.sunya.com.hk

幼稚園腦力邏輯思維訓練（3-4歲下）

作　　者：何秋光
責任編輯：黃花窗
美術設計：蔡學彰
出　　版：新雅文化事業有限公司
　　　　　香港英皇道 499 號北角工業大廈 18 樓
　　　　　電話：（852）2138 7998
　　　　　傳真：（852）2597 4003
　　　　　網址：http://www.sunya.com.hk
　　　　　電郵：marketing@sunya.com.hk
發　　行：香港聯合書刊物流有限公司
　　　　　香港荃灣德士古道220-248號荃灣工業中心16樓
　　　　　電話：（852）2150 2100
　　　　　傳真：（852）2407 3062
　　　　　電郵：info@suplogistics.com.hk
印　　刷：中華商務彩色印刷有限公司
　　　　　香港新界大埔汀麗路36號
版　　次：二〇二二年一月初版
　　　　　二〇二三年三月第二次印刷

ISBN: 978-962-08-7898-5
©2022 Sun Ya Publications (HK) Ltd.
18/F, North Point Industrial Building, 499 King's Road, Hong Kong
Published in Hong Kong SAR, China
Printed in China

系列簡介

　　本系列圖書由中國著名幼兒數學教育專家何秋光編寫，根據 3-6 歲兒童腦力思維的發展設計有趣的活動，培養九大邏輯思維能力：觀察力、判斷力、分析力、概括能力、空間知覺、推理能力、想像力、創造力、記憶力，幫助孩子從具體形象思維提升至抽象邏輯思維。全套共有 6 冊，分別為 3-4 歲、4-5 歲以及 5-6 歲（各兩冊），全面展示兒童在上小學前應當具備的邏輯思維能力。

作者簡介

　　何秋光是中國著名幼兒數學教育專家、「兒童數學思維訓練」課程的創始人，北京師範大學實驗幼稚園專家。從業 40 餘年，是中國具豐富的兒童數學教學實踐經驗的學前教育專家。自 2000 年至今，由何秋光在北京師範大學實驗幼稚園創立的數學特色課「兒童數學思維訓練」一直深受廣大兒童、家長及學前教育工作者的喜愛。

目錄

觀察與比較

觀察與分析

觀察與判斷

判斷能力

六冊學習大綱

九大邏輯思維能力

冊別	單元	觀察能力	判斷能力	分析能力	概括能力	空間知覺	推理能力	想像力	創造力	記憶力
第 1 冊 (3-4 歲上)	觀察與比較	✓								
	觀察與判斷	✓	✓							
	空間知覺					✓				
	簡單推理						✓			
第 2 冊 (3-4 歲下)	觀察與比較	✓								
	觀察與分析	✓		✓						
	觀察與判斷	✓	✓							
	判斷能力		✓							
第 3 冊 (4-5 歲上)	概括能力				✓					
	空間知覺					✓				
	推理能力						✓			
	想像與創造							✓	✓	
	記憶力									✓
第 4 冊 (4-5 歲下)	觀察能力	✓								
	分析能力			✓						
	判斷能力		✓							
	推理能力						✓			
第 5 冊 (5-6 歲上)	量的推理						✓			
	圖形推理						✓			
	數位推理						✓			
	記憶力									✓
	分析與概括			✓	✓					
第 6 冊 (5-6 歲下)	分析能力			✓						
	空間知覺					✓				
	分析與概括			✓	✓					
	想像與創造							✓	✓	

找找魚兒

觀察與比較

請你觀察左邊水裏的魚兒，把右邊和牠們圖案相同的魚兒塗上相同的顏色。

動物的家

請你觀察雪地裏的腳印，想一想哪座房子是哪隻動物的家，然後從卡紙頁剪下活動卡並貼在相應的門上。

下面的5組小貓中，有2組是完全一樣的，請你把牠們圈出來。

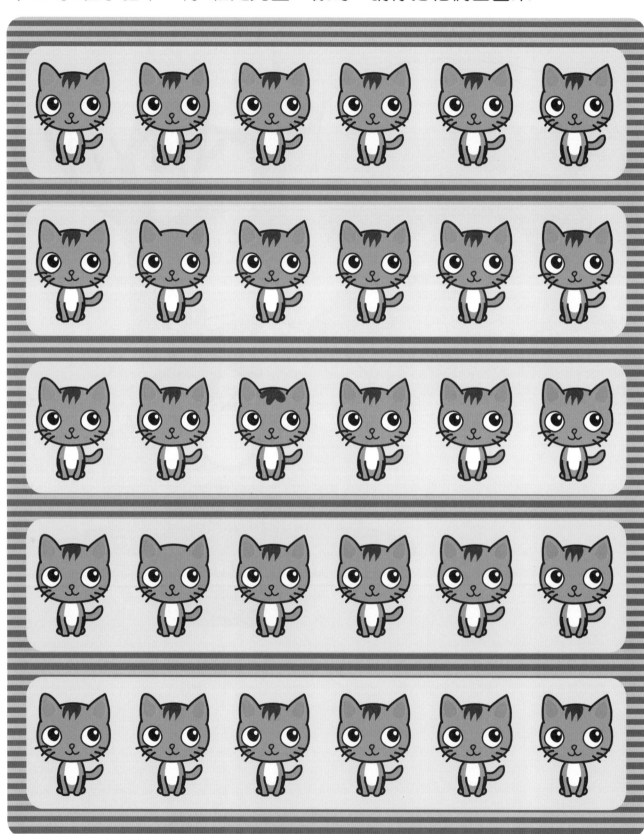

鏡中的大熊貓

下面6隻大熊貓中，只有1隻完全在鏡子裏，請你找到牠並在格子裏畫 ✔。

動物找影子

觀察與比較

請你把動物和牠們的影子用線連起來。

足球球衣

觀察與比較

動物足球賽就要開始了，但是動物們衣服上的號碼還沒有貼好。請從卡紙頁剪下活動卡，把數字按照從小到大的順序貼在動物們的衣服上。

請你把左右兩邊用途一樣的物品用線連起來。

搭積木

用小狗的每組積木分別能搭出小貓的哪組積木？請你連線。

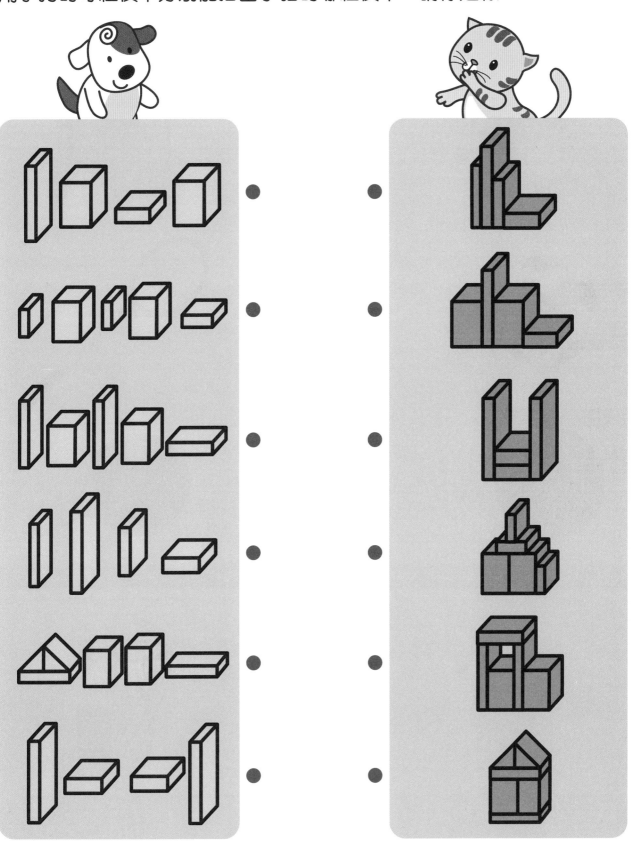

是什麼運動？

 觀察與比較

請你把左邊的4種球和右邊相匹配的體育器材用線連起來，並說一說它們分別是什麼運動。

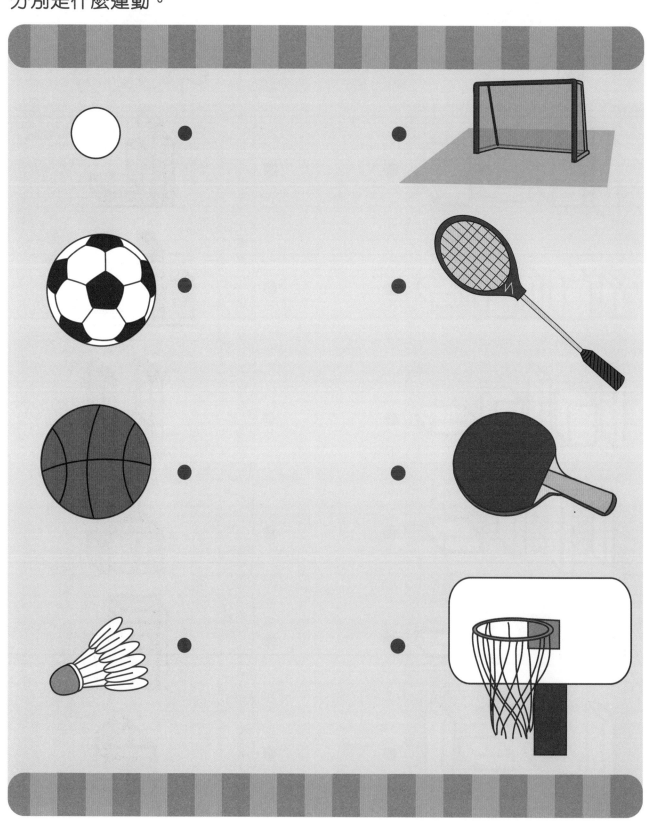

相同的圖畫

觀察與比較

下面4幅圖中有2幅是一樣的，請你把它們圈出來。

動物與氣球

你知道這些氣球分別是哪隻動物放的嗎？數一數氣球上花朵的數量，再把氣球和身上有相同數字的動物連起來，你就能知道答案。

請你把這幅圖中的數字按順序連起來，看看是什麼圖案。

觀察與比較

請你把這幅圖中的數字按順序連起來，看看是什麼圖案。

找找小狗

觀察與比較

下圖中，有1隻小狗和畫裏的小狗長得一樣，請你把它圈出來。

小貓的小球

觀察與比較

小貓在玩球,你能在這些球中找到2個完全一樣的嗎?請你把它們圈出來。

不一樣的動物

在下圖中，有1隻小猴子和其他小猴子都不一樣，請你把牠圈出來。

在下圖中，只有1隻小熊抱住了整個樹幹，請你把牠圈出來。

動物的傘子

下雨啦，動物們打起了各種顏色的傘。請你先仔細觀察這幅圖，然後蓋住這一頁，回答下一頁的問題。

雨停了，動物們收起了雨傘，你還記得牠們的雨傘是什麼顏色的嗎？請你給牠們的雨傘塗上顏色。

兔子賽跑

兔子們在賽跑，你來評一評誰跑得最快。請在跑第一的兔子身上畫一朵花，第二的畫正方形，第三的畫三角形，第四的畫圓形。

動物去爬山

動物們去爬山，你來評一評誰爬得最快最高。請在爬第一的動物手上畫一面旗子，第三的動物手上畫一個氣球，第七的動物手上畫一塊手帕。

樹木長大了

小熊種的樹長大了，請你按照從高到低的順序給這幾棵樹排序，並在格子裏按順序寫上1、2、3、4、5。

電單車排排隊

觀察與分析

請你按照電單車的快慢順序，給排在最前面的電單車的圓圈裏畫1個小圓，排第二的畫2個小圓，如此類推。

西瓜的重量

請你想一想，這3個籃子裏，哪個籃子裝的水果最重，哪個最輕？請你把最重的籃子上面的小花塗上紅色，最輕的塗上黃色。

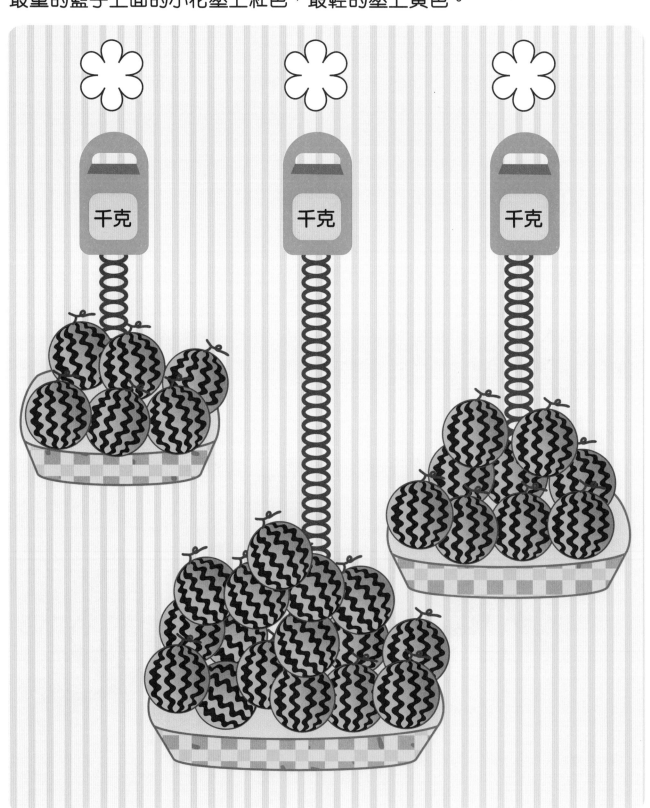

千克　千克　千克

找不同

下面 2 幅圖中有7處不同，請你仔細觀察下圖，把不同的地方圈出來。

猴子們比賽拔河，有 1 隻猴子沒有用力，請你把牠圈出來。

大雨過後，天空中出現了一道彩虹，小馬和小牛把它畫了下來。誰畫的彩虹是對的？請你把正確的彩虹圈出來。

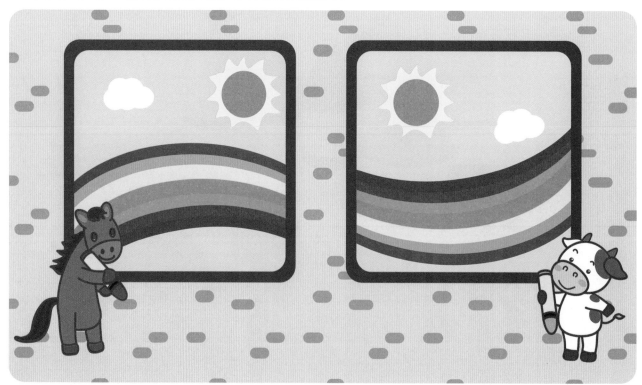

找錯處

請你評一評，下面的6幅圖都畫得對嗎？畫對的，就請你在圓圈裏畫 ✓。
畫錯的，就在圓圈裏畫 ✗。

東西的用處

請你把左右兩邊用處相同的東西用線連起來。

物品的影子

這些影子是誰的？請你在右邊找出和左邊影子對應的物品，並在它下面的圓圈裏塗上顏色。

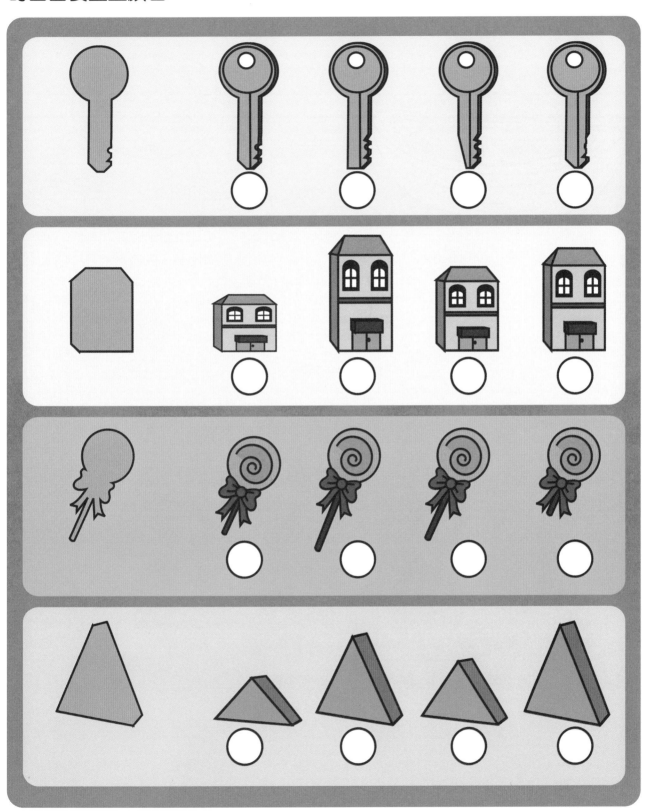

比較重量

3條船上坐着3種不同的動物，想一想哪條船最重，哪條最輕。請你給最重的船塗上黃色，最輕的塗上紅色，剩下的塗上藍色。

兩隻螞蟻搬樹枝，哪隻螞蟻扛的那一邊更重？請你把牠圈出來。

魚缸裏有4種魚兒，牠們的大小、花紋、顏色、形狀都不一樣。請你數一數每種魚兒各有多少，並把數字寫在對應的格子裏。你也可以用小圓圈來表示，畫幾個圓圈就代表有幾條魚兒。

小貓吃魚

哪隻小貓才能吃到魚呢？請你在牠旁邊的格子裏畫上一朵小花。

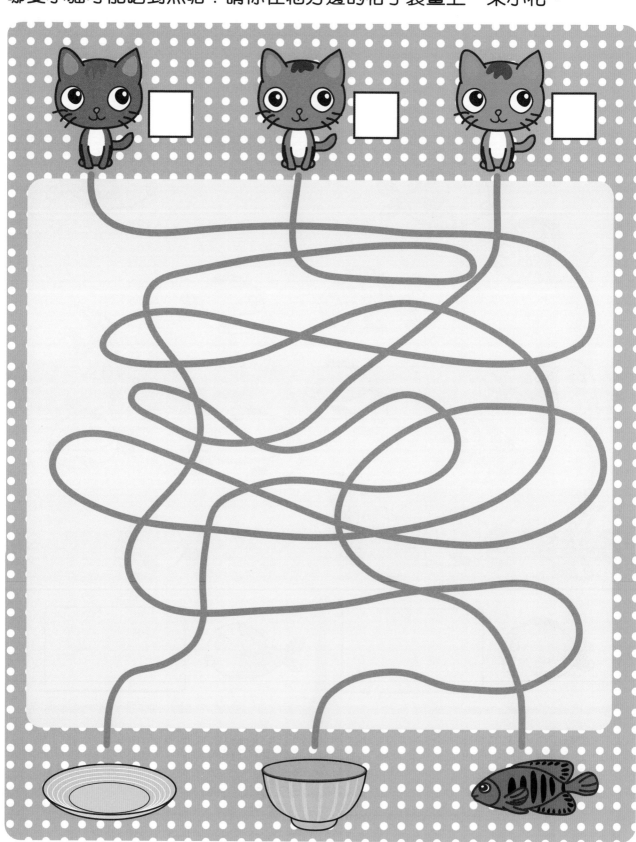

動物看電影

動物們一起來看電影，有的動物找到了自己的座位，有的動物卻坐錯了，請你幫坐錯的動物找到正確的座位，並用箭頭標出來。

小朋友玩皮球

小朋友們一起玩皮球。在下面3幅圖中，每一幅都比上面一幅多一個小朋友，請你把新來的小朋友圈出來。

小兔子做運動

小兔子做了4組不同的動作，請你把牠做的動作和右邊的體育器材用線連起來，並說一說小兔子在做什麼運動。

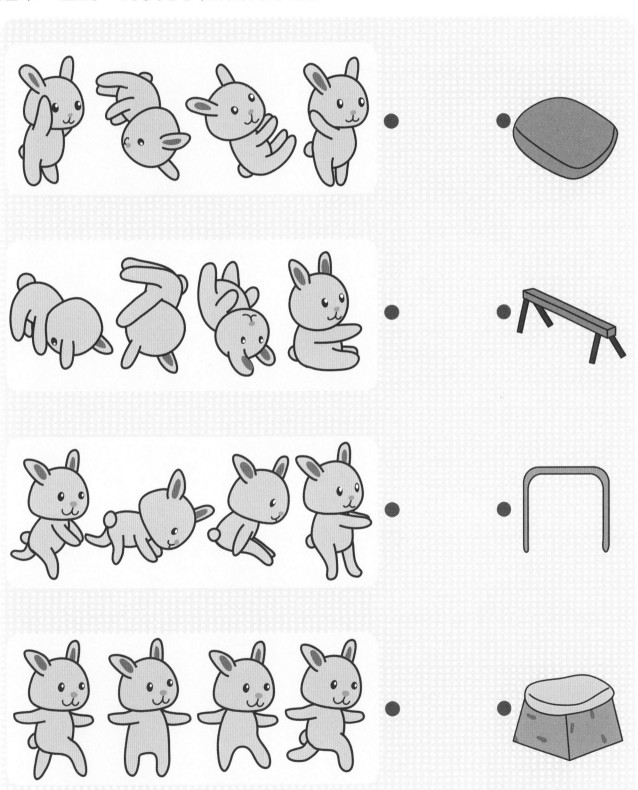

動物的顏色

觀察與分析

你認識下面這幅圖中的4種動物嗎？請你給狐狸塗上紅色，小狗塗上棕色，老虎塗上黃色，狼塗上灰色。

動物的特徵

請你觀察這幅圖，把中間的動物和上下兩邊有關係的圖案用線連起來。

跑步比賽

觀察與判斷

請你按照跑步比賽的順序給下面4幅圖排序,並在格子裏按順序寫上1、2、3、4。你也可以用圓圈代替數字,畫1個圓圈就代表1,畫2個就代表2,如此類推。

是相同嗎

格子兩邊各有3張圖畫，請你看看兩邊的圖畫是不是完全相同，如果是，就在格子裏打 ✓，如果不是就打 ✗。

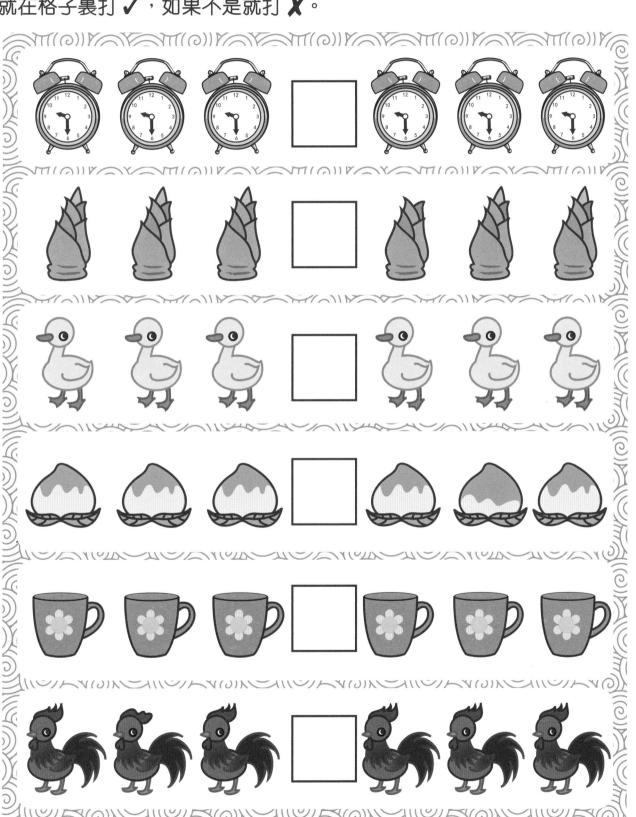

廚房用品

下面的這些物品中，哪些是廚房用品？請你把它們圈出來。

動物搭房子

動物們用自己面前的積木搭起了房子，你知道哪個積木房子是哪隻動物搭的嗎？請你連線。

數字和數量

請你按照動物身上的數字給牠下方的格子塗色，動物身上的數字是幾，就塗幾個格子。

找找奇怪的地方

觀察與判斷

下圖中有幾個地方是錯誤的，請你把它們圈出來，然後說說為什麼錯。

請你為小羊畫出回家的路，幫助牠走出迷宮。

小貓開鎖

觀察與判斷

老鼠給迷宮的路口安上了星星鎖。小貓有一把9號鑰匙，牠能打開所有有9顆星星的鎖。小貓應該走哪條路呢？請你幫牠畫出來。

帶小兔回家

請你幫助小兔畫出回家的路。

觀察與判斷

下面每組物品中，有一個物品和其他的不是同一類，請你把它圈出來。

找出不一樣的圖形

下面每組圖形中，都有一個圖形和其他的不一樣，請你把它圈出來。

小花的排列規律

下面6行小花中，有1行小花的數量排列和其他行的不一樣，請你給這1行小花塗上顏色。

觀察與判斷

下面每組物品中，都有一個物品和其他的不是同一類，請你把它圈出來。

找相同（一）

觀察與判斷

右邊每組植物中，都有一個和左邊的完全一樣，請你把它圈出來。

找相同（二）

右邊每組圖形中，都有一個圖形和左邊的完全一樣，請你把它圈出來。

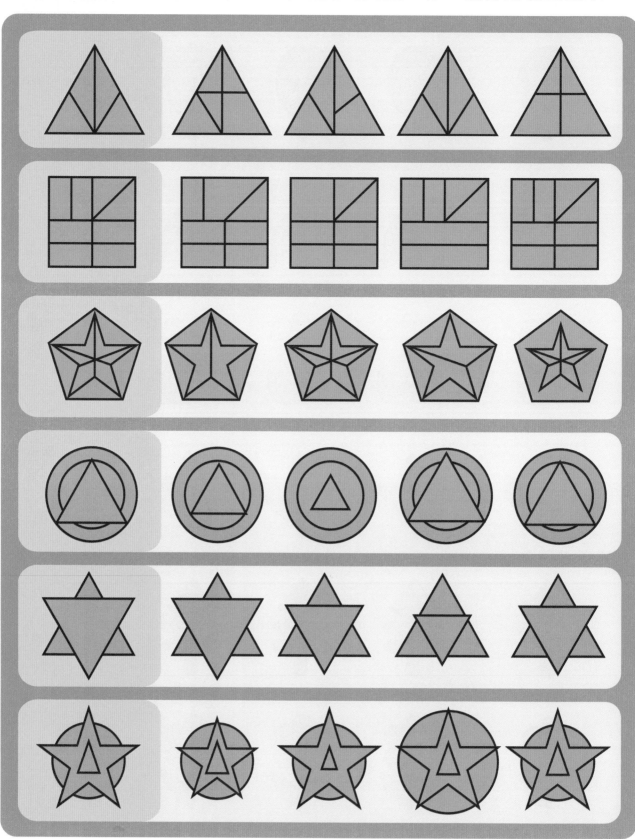

分類物品

請從卡紙頁剪下活動卡，將它們和每組圖中相關的物品貼在一起。

找相同（三）

右邊每組圖中，都有一個物品和左邊的完全一樣，請你找到它，並在它下面的圓圈裏塗上顏色。

找出共同點

觀察與判斷

請你找到每組圖中有相同點的物品並圈出來。

可以降溫的物品

判斷能力

想一想下面物品中哪些可以用來降溫，請你找出來，並在它下邊的圓圈裏塗上顏色。

昆蟲的位置

請你把左右兩邊4種昆蟲位置相同的圖用線連起來。

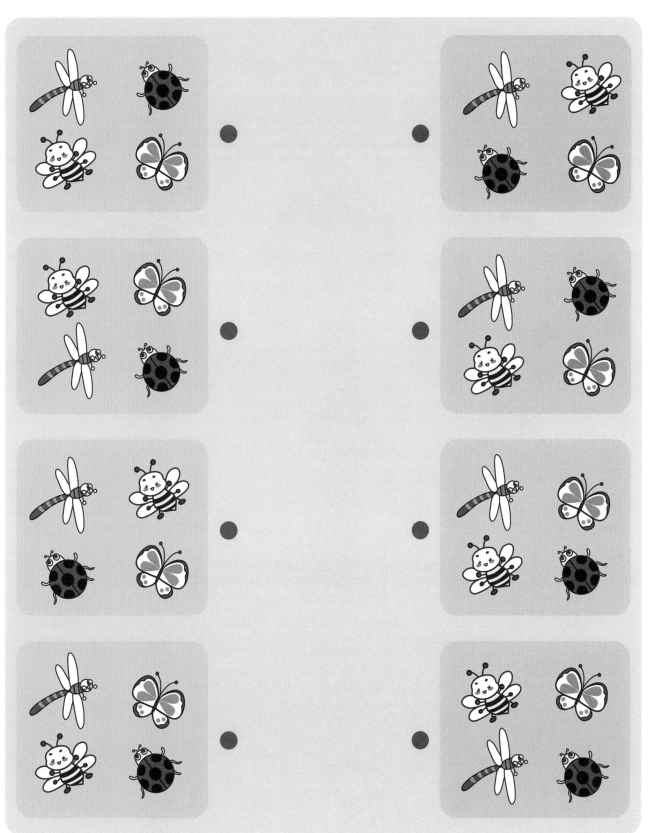

太陽的位置

判斷能力

請你觀察這幅圖，想一想太陽應該畫在什麼地方，並在圖中畫出來。

圓圈的數量

判斷能力

下面每組圖案中的物品數量相加是多少？請你按照這個答案給右邊的圓圈塗上顏色。

小豬的生日

小豬6歲生日這天收到了4個生日蛋糕，牠應該在每個蛋糕上點幾根蠟燭呢？請你幫牠數一數，如果蠟燭不夠的話，就請你給它畫上去。

請你想一想每組圖中左邊2個物品的關係是什麼，然後在右邊3個物品中找到有同樣關係的2個物品，並把它們圈出來。

缺少了什麼

下面的5幅圖都缺少了一部分，請你補畫出來。

請你把左右兩邊有關係的物品用線連起來。

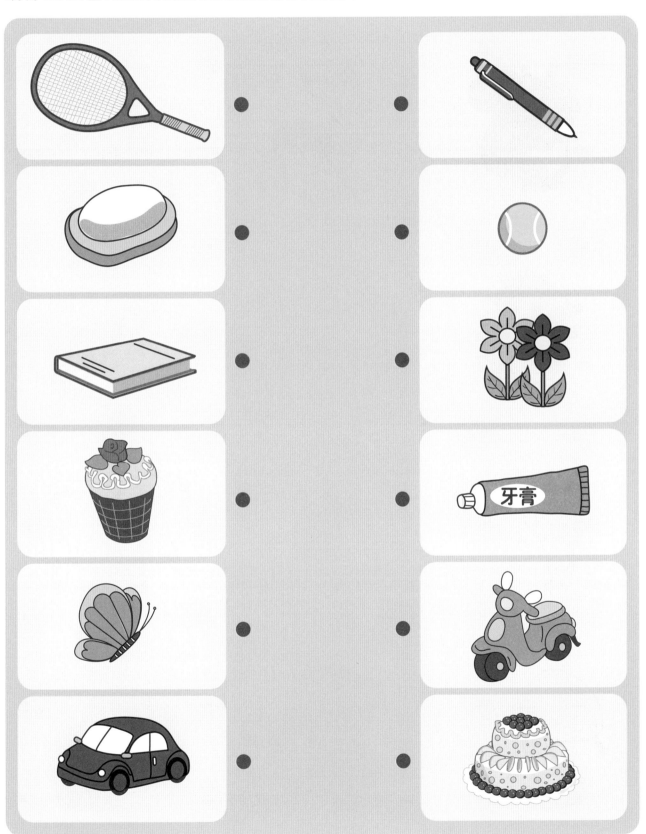

會冬眠的動物

判斷能力

下面這些動物中，哪些動物會冬眠？請你把牠們圈出來。

下面2幅圖中，哪一幅才是正確的？請你在它的格子裏塗上顏色，並說說另一幅是哪裏錯了。

動物坐汽車

動物們坐汽車去旅行，要求單號數字的動物坐紅色汽車，雙號數字的動物坐藍色汽車，請從卡紙頁剪下活動卡，按照要求把動物們貼在車前，排隊等待上車。

氣球的數量

熊貓、小豬和小猴子要找到和自己手中氣球數量一樣的東西，才能通過路口找到大樹。請你幫牠們畫出正確的路線，並在到達終點後，在大樹的格子裏寫下氣球的個數。

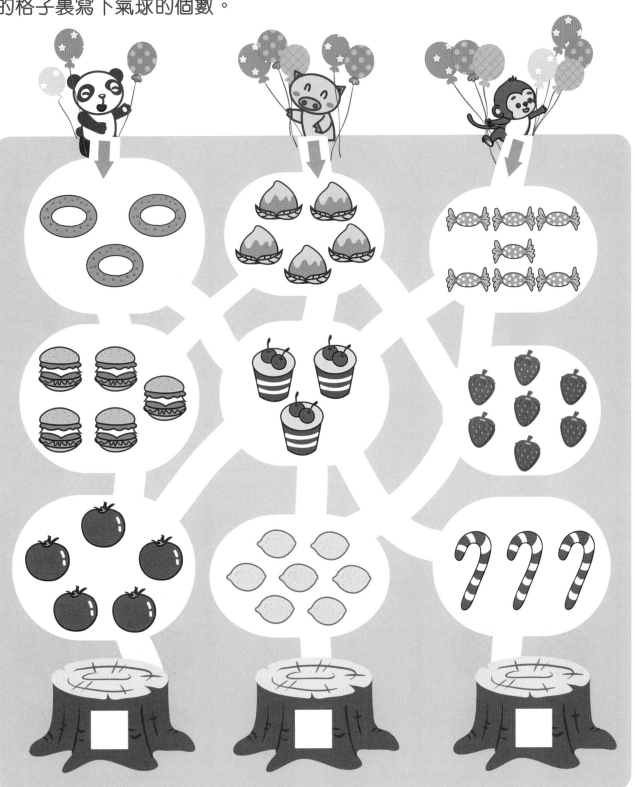

物品的數量

請你在格子裏畫出和每行一樣的東西，但要求比左邊一格的多1，比右邊一格的少1。

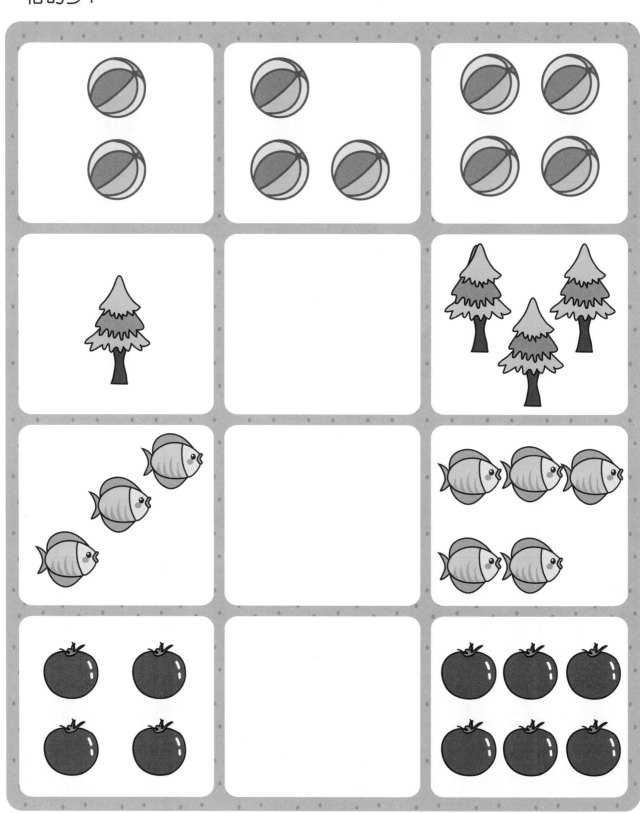

連續數

下面每組動物中，每隻動物身上的數字要是連續的才能在一起。請你找到每組動物中數字錯了的那隻動物，並在牠身上畫個 **✗**，然後把正確的數字寫在圓圈裏。

拯救氣球

氣球被掛在樹上下不來了，誰能把氣球取下來呢？請你在圖中把能取下氣球的動物圈出來。

大熊貓吃草莓

判斷能力

3隻大熊貓的盤子裏都有5顆草莓。請你看看下面的圖,想一想牠們分別吃掉了幾顆草莓,並把吃掉的草莓分別畫在盤子裏。

動物組合

下面4組動物中，有1組動物的外形和其他3組的不一樣，請你把這1組動物圈出來。

小牛給朋友們拍照，但是拍出來的照片上有2隻動物的影子出了錯，請你把錯誤的影子圈出來。

哪隻動物睡得最晚

請從卡紙頁剪下活動卡，然後仔細觀察下面的4幅圖，想一想哪隻動物睡得最晚，就把卡片貼在牠的窗戶上。

數字比一比

請你看圖回答下面的問題，並把答案寫在格子裏。

誰身上的數字最大，是什麼數字？

誰身上的數字最小，是什麼數字？

比19大1的是什麼數字？

小熊摘西瓜

5隻小熊想把地裏的西瓜都抱回家。先數一數地裏有幾個西瓜,如果每隻小熊都抱得一樣多,請你算一算每隻小熊要抱幾個西瓜。請你把答案寫在下面的格子裏。

地裏一共有 ☐ 個西瓜,每隻小熊抱 ☐ 個西瓜。

數一數

請你仔細觀察這幅圖,按要求回答下面的問題,並將答案寫在相應的格子裏。

🐤 比 🦆 多 ☐ 隻。

🐔 比 🦆 少 ☐ 隻。

🐔 再多 ☐ 隻就和 🐤 一樣多。

請你幫助青蛙媽媽找找牠們的蝌蚪寶寶吧！請你把帶有相同數字的青蛙和蝌蚪用線連起來，看看是不是每隻青蛙都有自己的寶寶。

小豬分氣球

小豬拿來氣球分給牠的好朋友,但是氣球夠不夠分呢?請你數一數,然後幫牠把缺少的氣球畫出來。

判斷能力

想一想每組圖中誰用的時間更長，請你把牠/它圈出來。

誰用的時間更短

判斷能力

想一想每組圖中誰用的時間更短，請你把它圈出來。

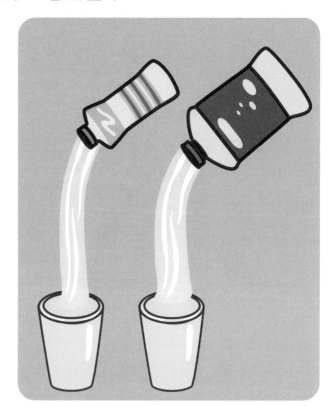

練習 1：略

練習 2：(從左至右) 小貓，小豬，小兔，小雞

練習 3：第二組和第四組

練習 4：左邊第二隻

練習 5：左一和右四，左二和右三，左三和右一，左四和右五，左五和右六，左六和右二

練習 6：略

練習 7：左一和右二，左二和右四，左三和右六，左四和右一，左五和右三，左六和右五

練習 8：左一和右二，左二和右四，左三和右五，左四和右一，左五和右六，左六和右三

練習 9：左一和右三，乒乓球；左二和右一，足球；左三和右四，籃球；左四和右二，羽毛球

練習 10：左上角和右下角

練習 11：

練習 12：金魚

練習 13：蝴蝶

練習 14：

練習 15：網球

練習 16：第 2 隻猴子，第 3 隻小熊

練習 17：略

練習 18：略

練習 19：略

練習 20：5、2、3、4、1

練習 21：

練習 22：

89

練習 23：

練習 24：最右邊的猴子；小馬畫的彩虹是正確的

練習 25：左上 ✗；右上 ✗；左中 ✗；右中 ✓；左下 ✓；右下 ✗

練習 26：左一和右三，左二和右一，左三和右二，左四和右六，左五和右四，左六和右五

練習 27：第一組第一個，第二組第三個，第三組第三個，第四組第四個

練習 28：小雞的船最輕，塗紅色；小象的船最重，塗黃色；小豬的船塗藍色。右邊螞蟻扛的那一邊更重。

練習 29：

練習 30：最左邊的貓

練習 31：

練習 32：第二幅圖：最左邊的是新來的小朋友；第三幅圖：最右邊的是新來的小朋友

練習 33：左一和右三，單杆；左二和右一，前滾翻；左三和右四，跳馬；左四和右二，平衡木

練習 34：略

練習 35：

練習 36：1. 右下角圖；2. 左下角圖；3. 右上角圖；4. 左上角圖

練習 37：第一行 ✓；第二行 ✗；第三行 ✓；第四行 ✗；第五行 ✓；第六行 ✗

練習 38：

練習 39：上一和下三，上二和下一，上三和下四，
上四和下二

練習 40：

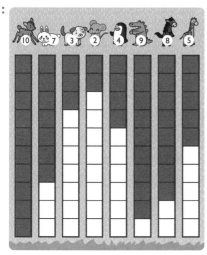

練習 41：小鴨不能上屋頂，母雞不能在水裏游，魚
兒不能離開水，公雞不能孵蛋

練習 42：

練習 43：

練習 44：

練習45：第一組第四個，第二組第一個，第三組第三
個，第四組第二個，第五組第四個，第六組
第四個

練習 46：第一組第四個，第二組第三個，第三組第
三個，第四組第四個，第五組第四個，第
六組第四個

練習 47：第三行的小花不一樣

練習 48：第一組第五個，第二組第二個，第三組第
一個，第四組第一個，第五組第一個，第
六組第三個

練習 49：第一組第三個，第二組第四個，第三組第
二個，第四組第一個，第五組第三個，第
六組第二個

練習 50：第一組第三個，第二組第四個，第三組第
二個，第四組第四個，第五組第一個，第
六組第四個

練習 51：左上貼上檯燈，右上貼上布鞋，左中貼上
鍋，右中貼上車子，左下貼上帽子，右下
貼上椅子

練習 52：第一組：第二行第三頂帽；
第二組：第一行第二個筆筒；
第三組：第一行第三個檯燈

練習 53：第一組：飛機和直升機；第二組：汽車和
電單車；第三組：時鐘和鬧鐘；第四組：
香蕉和橙；第五組：兩把椅子；第六組：
鉛筆和蠟筆

練習 54：紙扇、飲品、雪櫃、西瓜、風扇、雪條

練習 55：左一和右二，左二和右四，左三和右一，
左四和右三

練習 56：太陽在中間樹木的正上方

練習 57：6，6，6，6

練習 58：6 根蠟燭；左上蛋糕補畫 2 支蠟燭，右上
蛋糕補畫 1 支蠟燭，左下蛋糕補畫 5 支蠟
燭，左下蛋糕補畫 3 支蠟燭

練習 59：第一組第一和二個，第二組第二和三個，
第三組第二和三個，第四組第一和三個，
第五組第一和二個，第六組第二和三個

練習 60：替蜻蜓補畫翅膀，替汽車補畫輪子，替獅
子補畫尾巴，替椅子補畫椅腳，替剪刀補
畫手柄

練習 61：左一和右二，左二和右四，左三和右一，
左四和右六，左五和右三，左六和右五

練習 62：松鼠、蛇、青蛙、蝸牛、烏龜和刺蝟會冬
眠

練習 63：下面的圖錯了，夜晚的天空中看不見太陽
和彩虹，而且貓頭鷹通常在晚上活動

練習 64：刺蝟、獅子、小馬和小狗坐紅色汽車，老
鼠、狐狸、小豬和大象坐藍色汽車

練習 65：

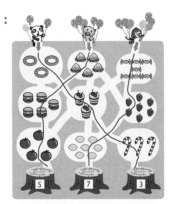

練習 66：

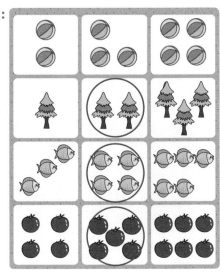

練習 67：略

練習 68：略

練習 69：第 1 隻大熊貓吃了 3 顆草莓，第 2 隻大熊
貓吃了 2 顆草莓，第 3 隻大熊貓吃了 4 顆
草莓

練習 70：第四組

練習 71：獅子和老鼠的影子錯了

練習 72：小鳥睡得最晚

練習 73：19，5，20

練習 74：地裏一共有 10 個西瓜，每隻小熊抱 2 個
西瓜。

練習 75：1，2，3

練習 76：4、6、7 和 9 號青蛙媽媽都找到蝌蚪寶寶

練習 77：畫多 3 個氣球

練習 78：左邊的小兔，蝸牛，烏龜，熱氣球

練習 79：飛機，左邊的瓶子，左邊的蠟燭，狐狸